U0925231

化学大爆炸实验手册

带你玩转生活中的化学实验

李剑龙 | 著　　牛猫小分队 | 绘

浙江教育出版社 · 杭州

关于本手册

如果说化学是一座宝藏，那么实验就是打开宝藏的钥匙。通过实验，你不仅能见证奇妙的化学现象，还能发掘出隐藏的知识宝藏。

这本手册将带你用身边的平凡物品，做出不平凡的实验。你的家会变身为神奇的化学实验室，爸爸妈妈则会成为你最得力的“化学伙伴”。准备好了吗？现在，让我们一起探索化学的宝藏，开启小小化学家的冒险吧！

实验安全要牢记

实验安全记心间，
在家实验也不难。
爸爸妈妈在身边，
小心操作才安全。

化学物质不入口，
记得清理手和物。
不闻气味不靠近，
时时通风保健康。

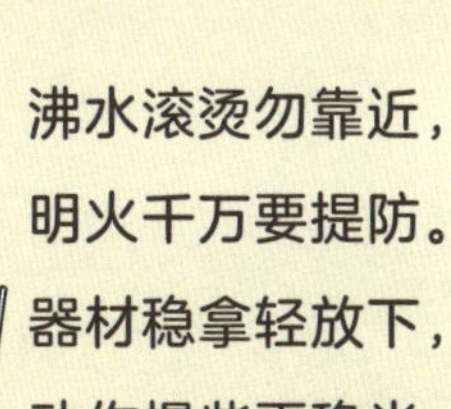

沸水滚烫勿靠近，
明火千万要提防。
器材稳拿轻放下，
动作慢些更稳当。

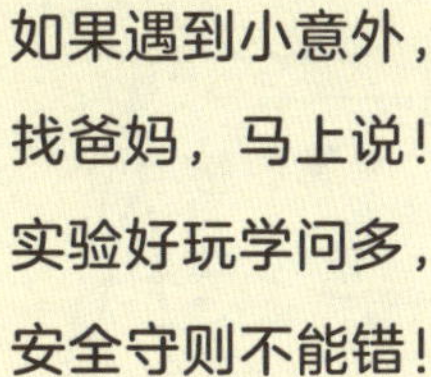

如果遇到小意外，
找爸妈，马上说！
实验好玩学问多，
安全守则不能错！

实验1
让淀粉变成糨糊

这个实验对应《化学大爆炸》第1册的知识点：

化学在微观层面研究物质的结构

安全小贴士

· 实验中用到了沸水，十分危险！一定要有大人陪同才能做实验哦！

你需要准备的材料

木薯淀粉、绿豆淀粉、两个小碗、一双筷子

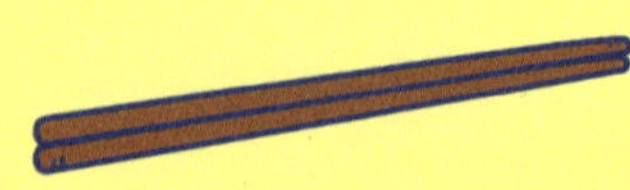

※土豆淀粉、玉米淀粉可代替木薯淀粉。

请按照以下步骤进行实验

① 分别向碗中加入两种淀粉。

淀粉容易飞得到处都是，一定要轻轻倒出哦！

② 往碗中加入适量的凉水，用筷子搅拌均匀。

加凉水是为了把淀粉搅开，避免加入沸水后，淀粉变成搅不开的面疙瘩。

③ 分别加入沸水，搅匀。

加入沸水，淀粉才会发生化学变化，变得黏稠。

注意：沸水危险，请让大人来帮你倒水吧！

④ 提起筷子。

猜猜哪种淀粉能粘在筷子上呢？

想知道实验结果吗？赶快翻开下一页看看吧！

让我们看看实验结果吧！

绿豆淀粉在沸水中溶解了，木薯淀粉变成了黏稠的糨糊。

为什么木薯淀粉变成了糨糊，绿豆淀粉却没有呢？

这和它们的微观结构有关。

谢耳朵揭秘实验原理

淀粉是由许多小小的淀粉分子构成的，根据淀粉分子的形状，我们把它们分成两种：直链淀粉和支链淀粉。直链淀粉像是一根长长的线条，它在沸水中很容易溶解；支链淀粉则像一棵有很多分支的小树，它在沸水中不会溶解，而是会变成黏糊糊的东西。

我们平常见到的淀粉都是由直链淀粉和支链淀粉混合而成的。比如木薯淀粉中大部分是支链淀粉，它在沸水中不易溶解，能够形成黏稠的糨糊。而绿豆淀粉中直链淀粉比较多，它比较容易溶解在沸水中。

支链淀粉

直链淀粉

拓展小实验

收集土豆淀粉、玉米淀粉、豌豆淀粉、小麦淀粉等不同的淀粉，用同样的实验方法制作糨糊，看看哪种淀粉做出的糨糊最黏稠。

实验报告

实验名称：________________　　实验日期：________________

实验地点：________________　　参与人员：________________

① 看一看，记一记（观察与记录实验现象）

（比如，颜色是否变了？是否有气体放出？材料质感是不是变了？……）

② 通过这次实验，你学到了哪些知识？

③ 通过这次实验，你有什么感悟？

（这次实验是成功了还是失败了？原因是什么？有什么建议和改进方案？）

④ 记得拍一拍实验照片，打印出来贴在下面

⑤ 给这次实验打个分吧，涂一涂！

实验2

用橡皮泥捏化学分子

这个实验对应《化学大爆炸》第3册的知识点：

许多物质是由分子组成的

- **木棍可能会划伤皮肤，要小心使用。**
- **橡皮泥中可能存在一些有害物质，千万不能放到嘴巴里。用完橡皮泥后，一定要记得洗手哦！**

你需要准备的材料

多种颜色的橡皮泥、数根小木棍

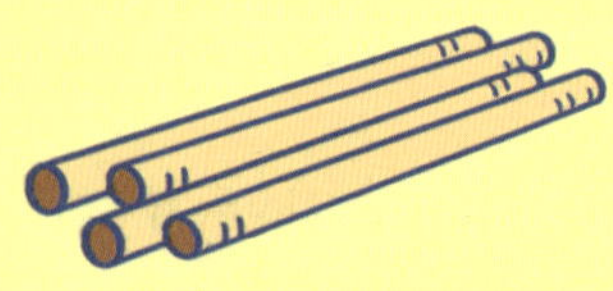

※橡皮泥和小木棍可用类似的器材代替。

请按照以下步骤进行实验

1 从《化学大爆炸》或者网上查找你喜欢的分子结构。

比如，如果你想知道水分子的结构，可以搜索下面的关键词：水分子、球棍模型。

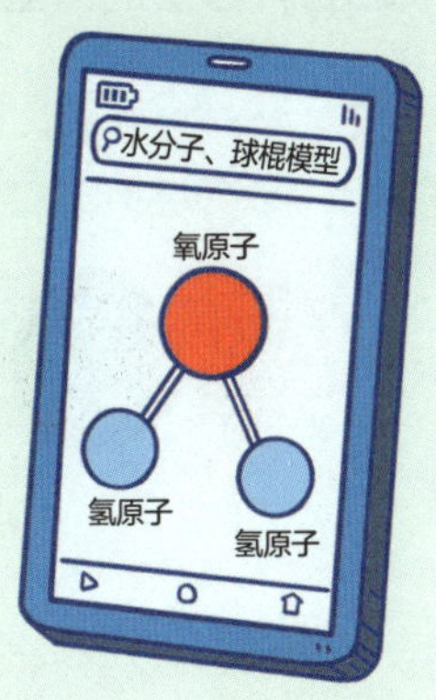

2 将不同颜色的橡皮泥揉成球状。

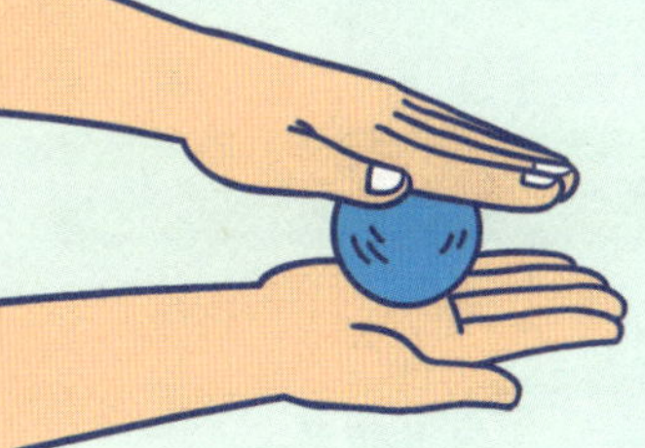

你可以用不同颜色的橡皮泥区分不同的原子哦！比如，你可以用黑色橡皮泥当碳原子，用红色橡皮泥当氧原子。

注意：不要将橡皮泥放入嘴中，用完橡皮泥要及时洗手！

3 将小木棍插入橡皮泥中，就能组装出各种各样的分子。

如果你做出了喜欢的分子模型，可以把它晾干，然后长期保存哦！

注意：小心使用木棍，不要划伤手哦！

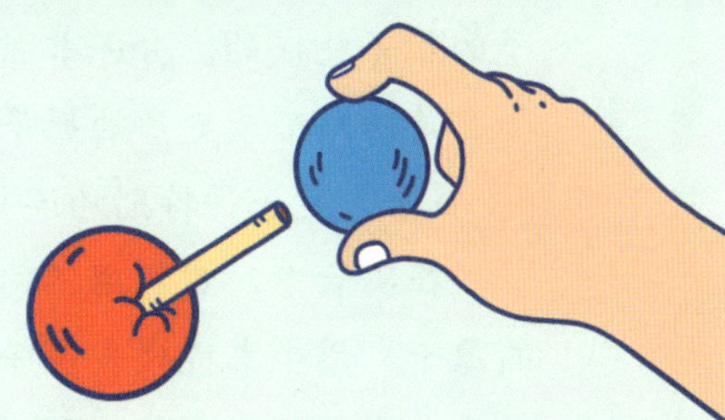

想知道实验结果吗？赶快翻开下一页看看吧！

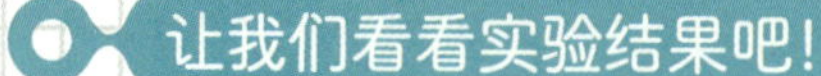

组装出各种分子的造型。

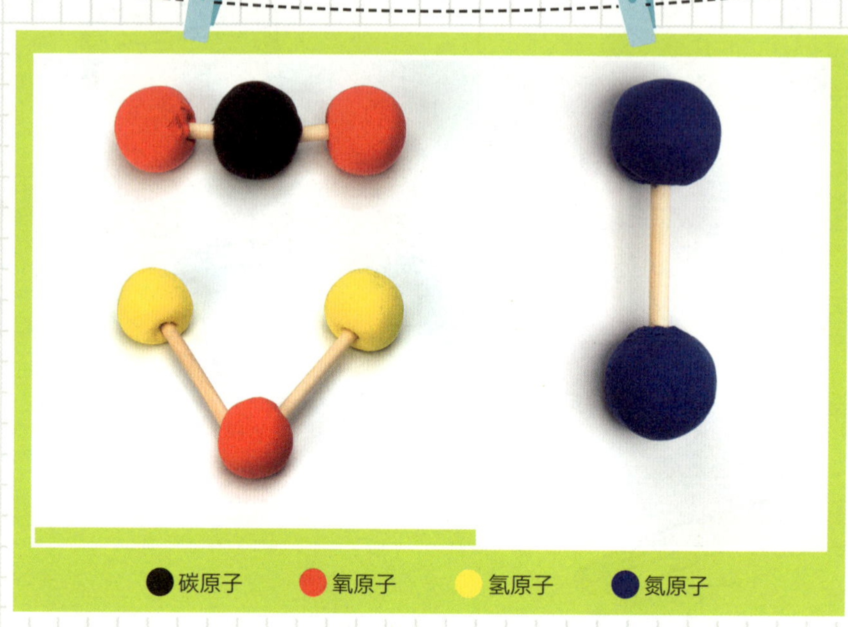

谢耳朵揭秘实验原理

我们身边的东西，像水、空气等，都是由一种叫分子的粒子构成的。分子非常小，我们看不到它。每个分子都是由两个或更多的原子“手拉手”连在一起构成的。“手拉手”是一种特别的连接方式，我们叫“化学键”。

在实验中，我们用不同颜色的橡皮泥球来代表不同的原子，用小木棍代表原子间的化学键。通过组装这些材料，我们可以清楚地看到不同的分子是怎样由原子和化学键连接而成的。

拓展小实验

生活中还有许多东西是由分子构成的，请你试试捏出下面这些分子的橡皮泥模型吧！

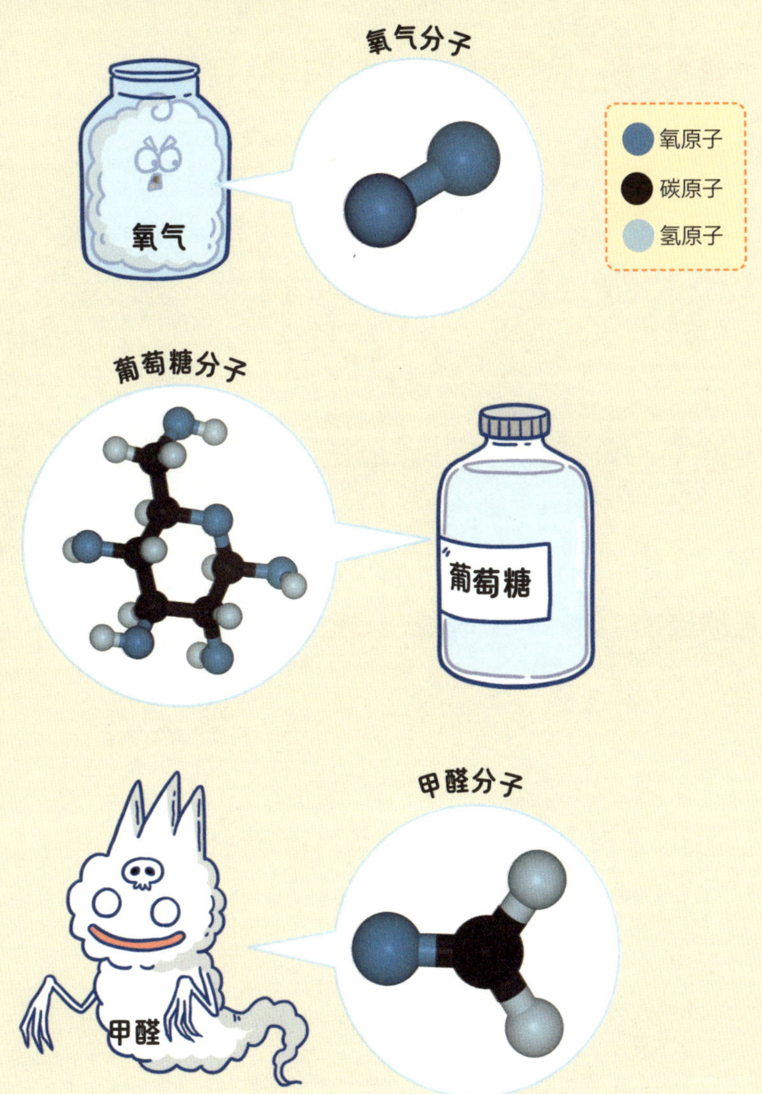

实验报告

实验名称：________________　　实验日期：________________

实验地点：________________　　参与人员：________________

❶ 看一看，记一记（观察与记录实验现象）

（比如，颜色是否变了？是否有气体放出？材料质感是不是变了？……）

❷ 通过这次实验，你学到了哪些知识？

③ 通过这次实验，你有什么感悟？

（这次实验是成功了还是失败了？原因是什么？有什么建议和改进方案？）

④ 记得拍一拍实验照片，打印出来贴在下面

⑤ 给这次实验打个分吧，涂一涂！

淀粉的"化妆液"与"卸妆水"

这个实验对应《化学大爆炸》第1册的知识点——**化学研究物质的变化规律，**以及第6册的知识点——**某些物质有还原性**

· 实验中用到了碘伏，它是一种外用药，误食会损伤消化道，千万不要放到嘴巴里哦！

你需要准备的材料

碘伏、两根试管、淀粉、杯子、搅拌棒、柠檬、滴管

※试管可用纸杯、小碗代替，淀粉可用熟米饭代替。

请按照以下步骤进行实验

1 在一个杯子中加入淀粉和水，并搅拌均匀，制成“淀粉液”。

不要把搅拌均匀的淀粉放置太久，不然淀粉会沉在最底下哦！

2 将淀粉液倒入两根试管中，滴入碘伏，淀粉液变成蓝紫色。

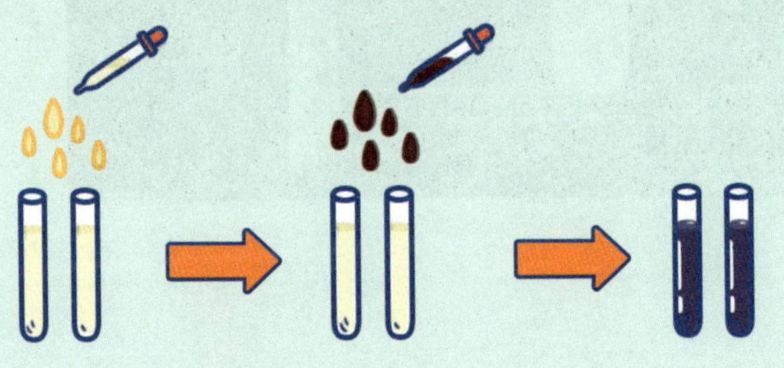

几滴碘伏就能让淀粉液变色，最好不要滴得太多，否则颜色就太深啦！

注意：碘伏会损伤消化道，千万不要放进嘴里！

3 在其中一根试管中加入柠檬汁，观察淀粉液颜色的变化。

如果淀粉液的颜色变化不明显，你可以多挤一点柠檬汁，然后搅拌一下。

想知道实验结果吗？赶快翻开下一页看看吧！

让我们看看实验结果吧!

加入柠檬汁的淀粉液变回白色了!

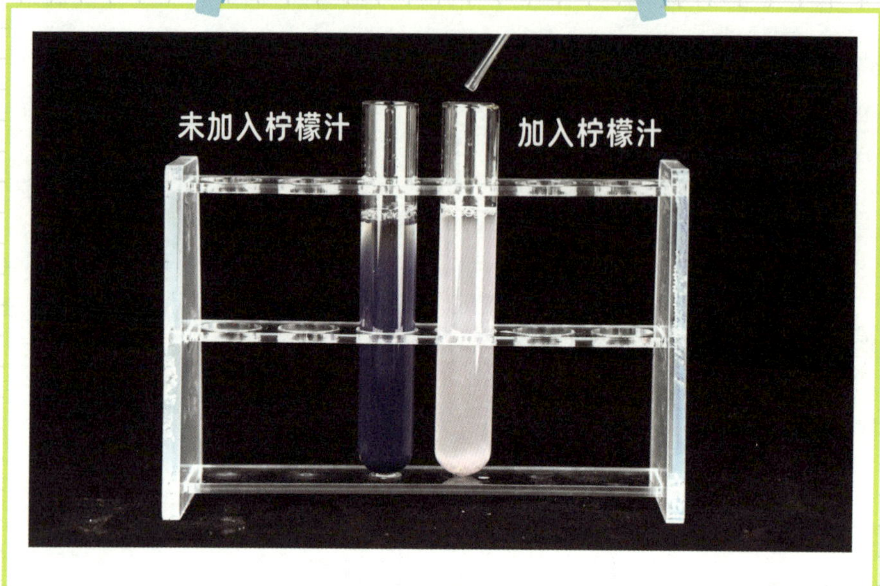

谢耳朵揭秘实验原理

淀粉分子的形状像是一根小弹簧，当我们把碘伏滴进淀粉溶液里，碘分子就会钻进弹簧中，与淀粉形成一种蓝紫色的物质，所以淀粉溶液中滴入碘伏后会变成蓝紫色。

而柠檬汁中有很多维生素 C，维生素 C 具有很强的还原能力，它能将碘分子还原为无色的碘离子。当我们把柠檬汁加入蓝紫色溶液中，维生素 C 将碘分子还原，溶液就会变回原来的白色了。

拓展小实验

除了柠檬外，柑橘、番茄、猕猴桃等食物也含有丰富的维生素 C，大家可以用它们的汁液试一试，看看能不能让蓝紫色淀粉液变回白色。

实验报告

实验名称：________________ 实验日期：________________

实验地点：________________ 参与人员：________________

❶ 看一看，记一记（观察与记录实验现象）

（比如，颜色是否变了？是否有气体放出？材料质感是不是变了？……）

❷ 通过这次实验，你学到了哪些知识？

③ 通过这次实验，你有什么感悟？

（这次实验是成功了还是失败了？原因是什么？有什么建议和改进方案？）

④ 记得拍一拍实验照片，打印出来贴在下面

⑤ 给这次实验打个分吧，涂一涂！

用唾液消化淀粉

这个实验对应《化学大爆炸》第2册的知识点：

催化剂的应用

- 实验中用到了碘伏，它是一种外用药，误食会损伤消化道，千万不要放到嘴巴里哦！

你需要准备的材料

淀粉、碘伏、两个小碗、搅拌棒

※淀粉可用熟米饭代替。

请按照以下步骤进行实验

1 准备两个碗，把唾液吐到其中一个碗里面。

唾液不用太多，1～2小口就够了。

2 向两个碗中加入淀粉和水，搅拌均匀，等待 3 分钟。

3 分钟后，我们可以再次搅拌淀粉液，防止淀粉沉底。

3 分别向两个碗中加入几滴碘伏，观察淀粉液的颜色变化。

碘伏会在淀粉液的表面形成小色块。你可以用牙签当笔，在淀粉液上画出美丽的图案哦！

**注意：碘伏会损伤消化道，千万不要放进嘴里！**

想知道实验结果吗？赶快翻开下一页看看吧！

让我们看看实验结果吧！

没加唾液的淀粉液变成了蓝紫色，而加入了唾液的淀粉液是红棕色的。

没加唾液的淀粉液

加入唾液的淀粉液

碘伏让淀粉液变成蓝紫色啦！我们刚刚做过这个实验。

可为什么唾液能让淀粉液变成不一样的颜色呢？谢耳朵博士，快告诉我吧！

谢耳朵揭秘实验原理

淀粉分子的形状像是一根小弹簧，当我们把碘伏滴进淀粉溶液里，碘分子就会钻进弹簧中，与淀粉形成一种蓝紫色的物质，所以淀粉溶液中滴入碘伏后会变成蓝紫色。

而我们的口水中有一种“帮手”，叫作唾液淀粉酶，它能帮助我们消化食物，将淀粉分解成更小的分子，小弹簧的结构就被破坏了。碘分子没有地方可钻，淀粉液就不会变成蓝紫色，而是会呈现碘伏的颜色，也就是红棕色。

拓展小实验

唾液中的淀粉酶究竟会把淀粉分解成什么东西呢？

要想知道问题的答案，就请你吃一口米饭，咀嚼 1 分钟，看看米饭会变成什么味道吧！

甜丝丝的，淀粉是不是被分解成糖啦？

没错！小朋友们如果细嚼慢咽，就能吃到甜甜的米饭哦！

实验报告

实验名称：________________　　实验日期：________________

实验地点：________________　　参与人员：________________

❶ 看一看，记一记（观察与记录实验现象）

（比如，颜色是否变了？是否有气体放出？材料质感是不是变了？……）

❷ 通过这次实验，你学到了哪些知识？

③ 通过这次实验，你有什么感悟？

（这次实验是成功了还是失败了？原因是什么？有什么建议和改进方案？）

④ 记得拍一拍实验照片，打印出来贴在下面

⑤ 给这次实验打个分吧，涂一涂！

这个实验对应《化学大爆炸》第10册的知识点：

复分解反应

你需要准备的材料

白醋、瓶子、红色食用色素、洗洁精、小苏打、杯子、搅拌棒、水盆

※杯子、搅拌棒、水盆可用类似的物品代替。

请按照以下步骤进行实验

① 在瓶子中倒入小苏打、红色食用色素、水，并搅拌均匀。

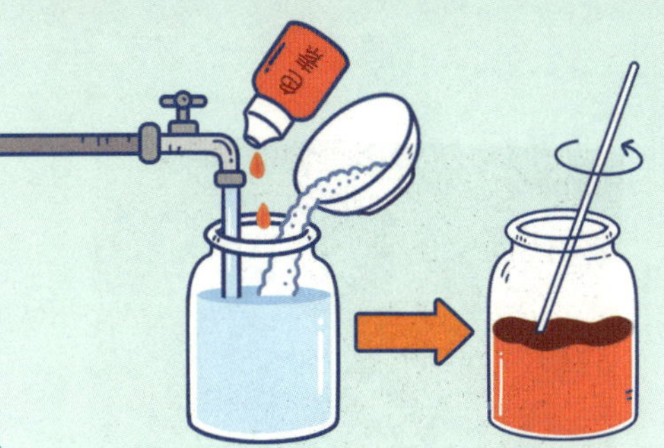

色素粘在手上、衣服上很难洗掉，大家可以戴好手套、系上围裙，小心实验，别把身体和家里弄脏了。

② 在杯子中倒入洗洁精和白醋，并搅拌均匀。

要注意节约，不要浪费太多洗洁精和白醋哦！

③ 快速将杯中溶液倒入瓶子里，观察实验现象。

一定要把瓶子放在大盆里，不然“火山喷发”会把家里弄脏哦！

想知道实验结果吗？赶快翻开下一页看看吧！

让我们看看实验结果吧！

瓶子中喷出大量泡沫。

谢耳朵揭秘实验原理

小苏打是弱碱性的，而白醋是酸性的。当白醋遇到小苏打后，它们会发生化学反应，产生很多二氧化碳气体。这些二氧化碳气体进入洗洁精溶液后，就会形成大量泡泡。我们还在溶液中加入了红色色素，所以当泡泡大量冒出来时，看起来就像是火山喷发，红色的“岩浆”不停地涌出来。

实验报告

实验名称：________　　实验日期：________

实验地点：________　　参与人员：________

❶ 看一看，记一记（观察与记录实验现象）

（比如，颜色是否变了？是否有气体放出？材料质感是不是变了？……）

❷ 通过这次实验，你学到了哪些知识？

③ 通过这次实验，你有什么感悟？

（这次实验是成功了还是失败了？原因是什么？有什么建议和改进方案？）

④ 记得拍一拍实验照片，打印出来贴在下面

⑤ 给这次实验打个分吧，涂一涂！

这个实验对应《化学大爆炸》第2册的知识点：

氧化反应

安全小贴士

· 实验需要用到水果刀，容易误伤自己。小朋友们要请爸爸妈妈帮忙哦！

你需要准备的材料

苹果、柠檬、水果刀

※柠檬可用柑橘、猕猴桃等富含维生素C的水果代替。

请按照以下步骤进行实验

① 将苹果切成两半。

② 切开柠檬。

注意：水果刀危险，可以请爸爸妈妈帮忙哦！

③ 在左边的半个苹果表面滴上柠檬汁，并等待半个小时以上。

想知道实验结果吗？赶快翻开下一页看看吧！

让我们看看实验结果吧！

滴上柠檬汁的苹果颜色不变，没有滴上柠檬汁的苹果变色发黑。

滴上柠檬汁

没有滴上柠檬汁

柠檬汁还能美白？
这是怎么回事？

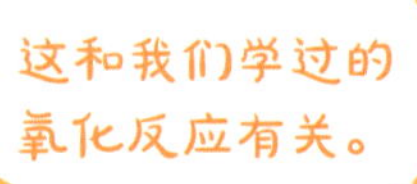

谢耳朵揭秘实验原理

当我们把苹果切开后，果肉就暴露在空气中了。苹果里面有一些特殊的酚类物质和酶，当它们遇到空气中的氧气时，会发生一种化学反应，导致苹果切开的部分慢慢变成褐色。时间越久，颜色就会越深。

但是，当我们在苹果上滴一些柠檬汁后，情况就会不一样了。柠檬汁里有一种叫作维生素C的东西，它特别厉害，能够帮助苹果对抗空气中的氧气。这样，滴了柠檬汁的苹果就不会那么快变色，能够长久地保持原来的颜色。

拓展小实验

请你试试，将切开的苹果泡在清水里、将切开的苹果泡在盐水里、将切开的苹果盖上保鲜膜，哪一种方法的“美白”效果最好呢？

实验报告

实验名称：______________　　实验日期：______________

实验地点：______________　　参与人员：______________

❶ 看一看，记一记（观察与记录实验现象）

（比如，颜色是否变了？是否有气体放出？材料质感是不是变了？……）

❷ 通过这次实验，你学到了哪些知识？

③ 通过这次实验，你有什么感悟？

（这次实验是成功了还是失败了？原因是什么？有什么建议和改进方案？）

④ 记得拍一拍实验照片，打印出来贴在下面

⑤ 给这次实验打个分吧，涂一涂！

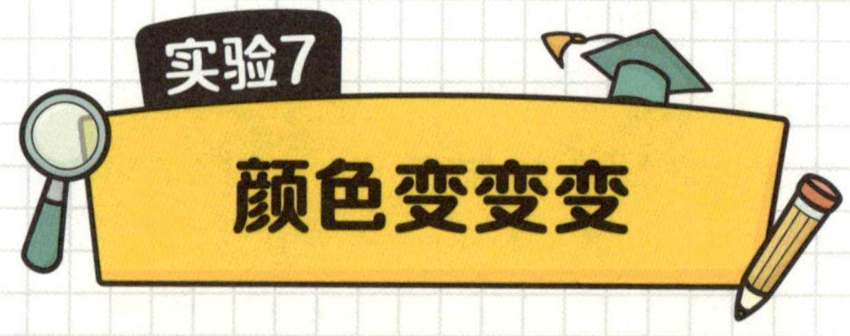

实验7 颜色变变变

这个实验对应《化学大爆炸》第1册的知识点：

化学研究物质的变化规律

安全小贴士

· 实验中用到了沸水，十分危险！一定要有大人陪同才能做实验哦！

你需要准备的材料

碱面、白醋、紫甘蓝、白糖、六根试管、柠檬、小苏打

※紫甘蓝可用蝶豆花代替，试管可用透明杯子代替。

请按照以下步骤进行实验

① 将紫甘蓝切丝后加沸水浸泡，得到紫甘蓝水。

⚠ **注意：沸水危险，请让大人来帮你倒水吧！**

② 将紫甘蓝水倒入六根试管中。

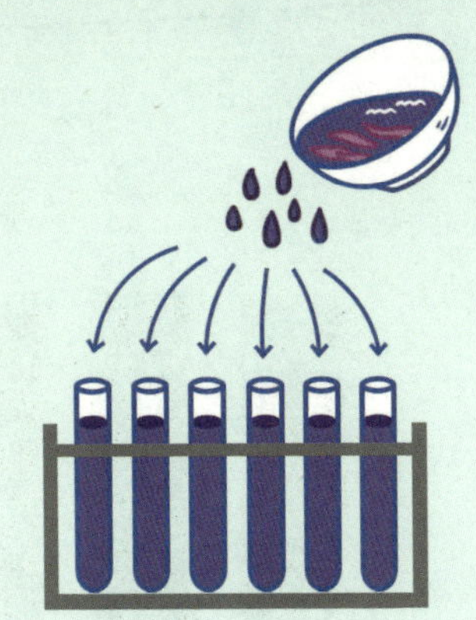

浸泡紫甘蓝时，最好选用陶瓷碗、纯净水。否则紫甘蓝水可能会变成其他颜色哦！

③ 从左到右的五根试管分别加入小苏打、碱面、柠檬汁、白醋、白糖。

大家一定要记好每份紫甘蓝水里加了什么，否则很容易搞混哦！

想知道实验结果吗？赶快翻开下一页看看吧！

让我们看看实验结果吧！

五根试管呈现出不同的颜色。

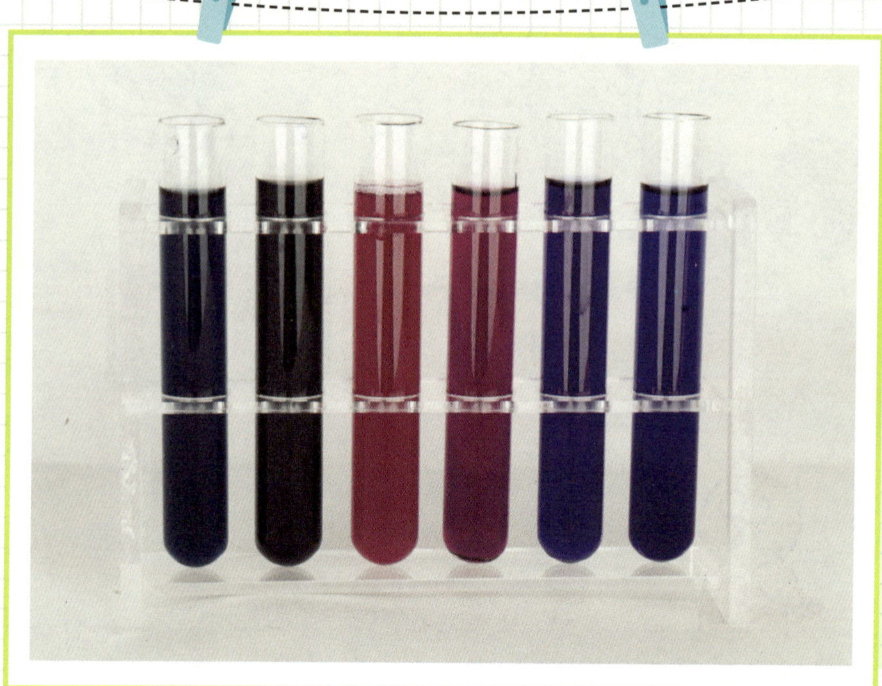

谢耳朵揭秘实验原理

紫甘蓝和蝶豆花等植物里含有一种叫花青素的物质，花青素很容易溶解在水中，所以我们可以用沸水把它提取出来。更有趣的是，花青素的颜色会根据周围的环境而改变。比如，当花青素遇到白醋、柠檬汁这样的酸性液体时，它会变成红色。在糖水或白开水这样的中性液体里，花青素会变成紫色。而遇到小苏打、碱面这样的碱性物质，花青素会变成蓝绿色。

拓展小实验

蝶豆花、紫薯中也有花青素，红心火龙果里有甜菜红素，胡萝卜里有胡萝卜素，它们都能变色。你可以用不同的植物再做一遍实验，看看结果有什么不同哦！

实验报告

实验名称：______________ 实验日期：______________

实验地点：______________ 参与人员：______________

❶ 看一看，记一记（观察与记录实验现象）

（比如，颜色是否变了？是否有气体放出？材料质感是不是变了？……）

❷ 通过这次实验，你学到了哪些知识?

③ 通过这次实验，你有什么感悟？

（这次实验是成功了还是失败了？原因是什么？有什么建议和改进方案？）

④ 记得拍一拍实验照片，打印出来贴在下面

⑤ 给这次实验打个分吧，涂一涂！

实验8 隐形墨水

这个实验对应《化学大爆炸》第5册的知识点：

不完全燃烧

安全小贴士

- 实验需要用火，一定要有大人陪同才能做哦！
- 实验时，要确保周围没有纸张、衣物、地毯等容易着火的物品，并准备好水盆等灭火设备。

你需要准备的材料

蜡烛、牛奶、毛笔、杯子、白纸、打火机

请按照以下步骤进行实验

1 用毛笔蘸牛奶在白纸上写字。

除了写字之外，小朋友们也可以画画，或者在白纸上印牛奶手印哦！

2 点燃蜡烛，将写过字的白纸放在蜡烛上烘烤。

小朋友，你可以从下面看着白纸，一旦白纸有烧焦的痕迹，就提醒爸爸妈妈换个地方烘烤。

注意：白纸很容易烧着，还是请爸爸妈妈帮你烘烤白纸吧！

想知道实验结果吗？赶快翻开下一页看看吧！

让我们看看实验结果吧！

原本空白的白纸上浮现出字迹。

用牛奶写字的白纸

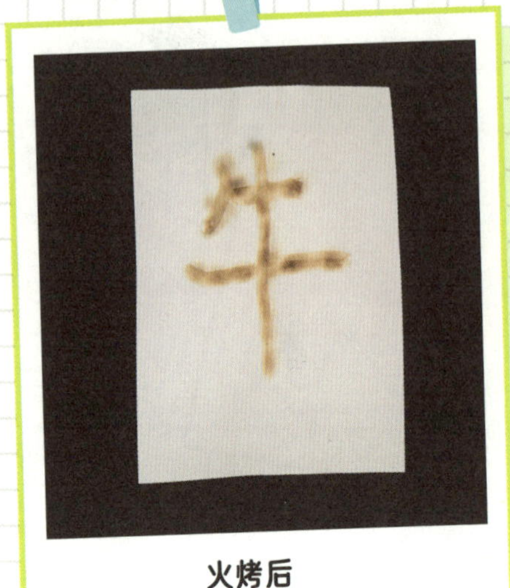

火烤后

哇，简直就像
是密信一样，
真是太牛啦！

谢耳朵博士，
快讲讲这是怎
么回事吧！

谢耳朵揭秘实验原理

我们喝的牛奶中有一些小颗粒，叫作乳脂肪和蛋白质。当我们用蜡烛火焰加热牛奶时，这些小颗粒会被“烤焦”，变成黑色，这个过程叫作碳化反应。同时，与纸张相比，牛奶更容易被“烤焦”。所以当你用牛奶在白纸上写字，然后加热纸张时，纸上有牛奶的地方会先变黑，你用牛奶写的字就会显现出来了。

拓展小实验

除了牛奶之外，还有很多液体都可以碳化。你可以试试用雪碧、白醋、柠檬汁等无色的液体写字，看看它们能不能烤出字迹。

实验报告

实验名称：________________ 实验日期：________________

实验地点：________________ 参与人员：________________

❶ 看一看，记一记（观察与记录实验现象）

（比如，颜色是否变了？是否有气体放出？材料质感是不是变了？……）

❷ 通过这次实验，你学到了哪些知识？

❸ 通过这次实验，你有什么感悟？

（这次实验是成功了还是失败了？原因是什么？有什么建议和改进方案？）

❹ 记得拍一拍实验照片，打印出来贴在下面

❺ 给这次实验打个分吧，涂一涂！

这个实验对应《化学大爆炸》第4册的知识点：

二氧化碳不能助燃、二氧化碳的密度比空气大

- 实验需要用火，一定要有大人陪同才能做哦！
- 实验时，要确保周围没有纸张、衣物、地毯等容易着火的物品，并准备好水盆等灭火设备。

你需要准备的材料

蜡烛、白醋、杯子、小苏打、打火机

请按照以下步骤进行实验

① 点燃蜡烛。

注意：点火危险，要请爸爸妈妈帮忙哦！

② 在杯子中放入白醋和小苏打，并等待一段时间。

不要把白醋倒得太满，小半杯就够了。当你看到白醋和小苏打冒出大量泡泡时，就可以进行下一步啦！

③ 将杯子内的气体倒在点燃的蜡烛上。

小心，别把杯子里的液体倒出来哦，否则火焰会被直接浇灭。

想知道实验结果吗？赶快翻开下一页看看吧！

让我们看看实验结果吧！

蜡烛火焰熄灭。

水明明没有倒出来，
蜡烛的火焰怎么被“浇
灭”了呢？

谢耳朵揭秘实验原理

当白醋和小苏打混合时，会产生很多小气泡，这些气泡就是二氧化碳气体。二氧化碳有一些独特的性质，比如它比空气“重”，所以我们可以用玻璃杯把它“装起来”。而且，二氧化碳不支持燃烧，所以当我们将杯中的二氧化碳倒在点燃的蜡烛上时，它会把空气“推开”，然后让蜡烛熄灭。

实验报告

实验名称：________________ 实验日期：________________

实验地点：________________ 参与人员：________________

❶ 看一看，记一记（观察与记录实验现象）

（比如，颜色是否变了？是否有气体放出？材料质感是不是变了？……）

❷ 通过这次实验，你学到了哪些知识？

③ 通过这次实验，你有什么感悟？

（这次实验是成功了还是失败了？原因是什么？有什么建议和改进方案？）

④ 记得拍一拍实验照片，打印出来贴在下面

⑤ 给这次实验打个分吧，涂一涂！

实验10 点不着的纸杯

这个实验对应《化学大爆炸》第5册的知识点：

燃烧的三要素之一：着火点

安全小贴士

- 实验需要用火，一定要有大人陪同才能做哦！
- 实验时，要确保周围没有纸张、衣物、地毯等容易着火的物品，并准备好水盆等灭火设备。

你需要准备的材料

蜡烛、水、两个纸杯、镊子、打火机

※如果没有镊子，也可以用筷子代替。

请按照以下步骤进行实验

❶ 点燃蜡烛，将一个纸杯放在蜡烛火焰上，纸杯很快被点燃。

❷ 纸杯点燃后，要迅速将火熄灭，注意用火安全。

❸ 将一个装有水的纸杯放在蜡烛火焰上，观察纸杯的变化。

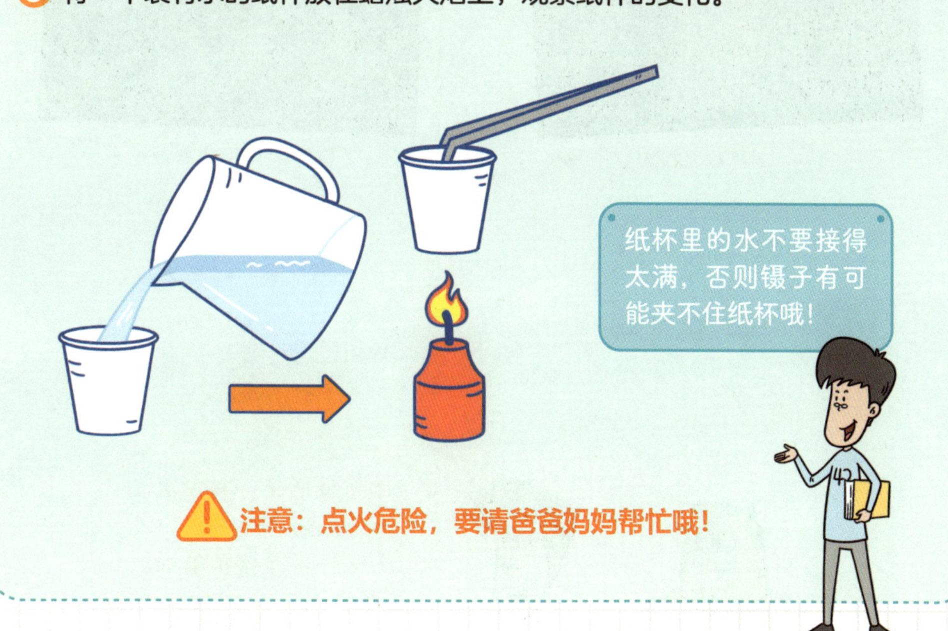

⚠ **注意：点火危险，要请爸爸妈妈帮忙哦！**

想知道实验结果吗？赶快翻开下一页看看吧！

让我们看看实验结果吧！

空纸杯会燃烧，装有水的纸杯不会燃烧。

谢耳朵揭秘实验原理

一个东西想要烧起来，要达到一定的温度，这个温度我们叫“着火点”。如果温度达不到这个东西的“着火点”，它就不会烧起来。

当我们用点燃的蜡烛去烧装水的纸杯时，纸杯中的水会吸收大部分热量，导致纸杯的温度没办法达到着火点。所以无论怎么烧，装水的纸杯都不会被点燃。但是如果我们烧一个没有水的空纸杯，纸杯的温度会很快升高，达到着火点，纸杯就被点燃了。

实验报告

实验名称：__________ 实验日期：__________

实验地点：__________ 参与人员：__________

❶ 看一看，记一记（观察与记录实验现象）

（比如，颜色是否变了？是否有气体放出？材料质感是不是变了？……）

❷ 通过这次实验，你学到了哪些知识？

❸ 通过这次实验，你有什么感悟？

（这次实验是成功了还是失败了？原因是什么？有什么建议和改进方案？）

❹ 记得拍一拍实验照片，打印出来贴在下面

❺ 给这次实验打个分吧，涂一涂！

实验11 用碘伏重现指纹

这个实验对应《化学大爆炸》第8册的知识点：

碘可以溶解在油脂中

安全小贴士

- 实验需要用火，一定要有大人陪同才能做哦！
- 实验时，要确保周围没有纸张、衣物、地毯等容易着火的物品，并准备好水盆等灭火设备。

你需要准备的材料

蜡烛、金属勺、碘伏、白纸、打火机

※金属小勺可换成耐高温的其他容器。

请按照以下步骤进行实验

1 将手指用力按在白纸上。

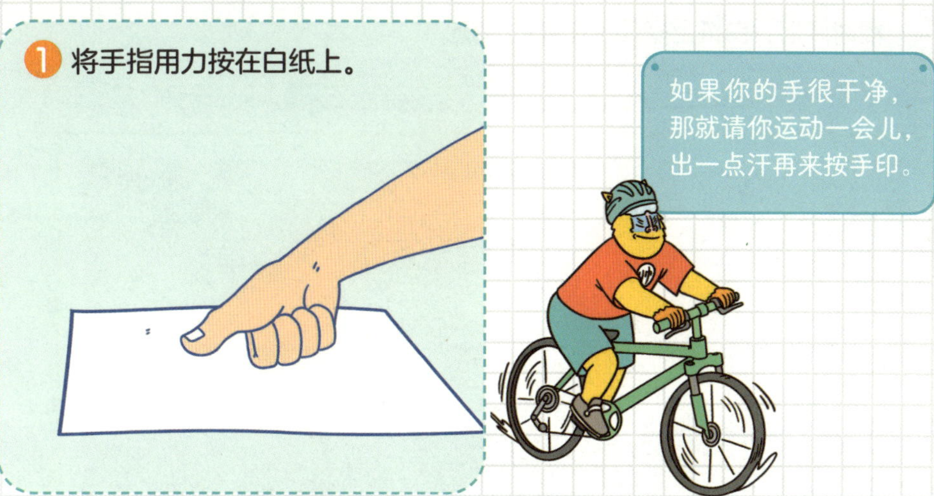

2 点燃蜡烛，加热装有碘伏的小勺，将按有手印的白纸放在小勺的上方。

注意：点火危险，要请爸爸妈妈帮忙哦！

想知道实验结果吗？赶快翻开下一页看看吧！

让我们看看实验结果吧！

一段时间后，白纸上呈现出指纹的痕迹。

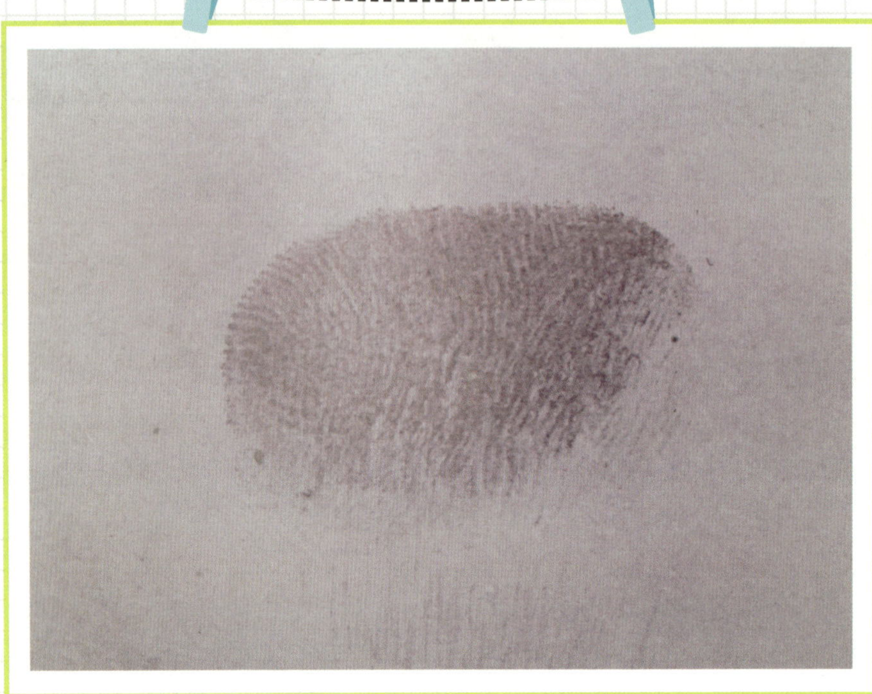

谢耳朵揭秘实验原理

当我们的手指按在白纸上时，手指上的油脂会留在纸上，虽然我们看不见，但这些油脂会在纸上留下隐形的“痕迹”。当我们加热碘伏时，碘会变成“烟雾”，这些烟雾遇到冷的白纸就会变成小颗粒，留在白纸上。同时，碘很容易溶解在油脂里，所以当它碰到手指留下的油脂时，就会溶进去，让油脂变成紫色。这样，白纸上就会出现深深浅浅的紫色指纹。

拓展小实验

小朋友，你可以在手上粘一点点食用油、擦脸油，或者黄油，涂抹均匀，然后在白纸上按个手印，重新做这个实验。看看哪种油显现的紫色指纹最清晰。

实验报告

实验名称：________________　　实验日期：________________

实验地点：________________　　参与人员：________________

❶ 看一看，记一记（观察与记录实验现象）

（比如，颜色是否变了？是否有气体放出？材料质感是不是变了？……）

❷ 通过这次实验，你学到了哪些知识？

③ 通过这次实验，你有什么感悟？

（这次实验是成功了还是失败了？原因是什么？有什么建议和改进方案？）

④ 记得拍一拍实验照片，打印出来贴在下面

⑤ 给这次实验打个分吧，涂一涂！

这个实验对应《化学大爆炸》第8册的知识点：

饱和溶液与不饱和溶液

你需要准备的材料

五种色素、盐、杯子、六根试管

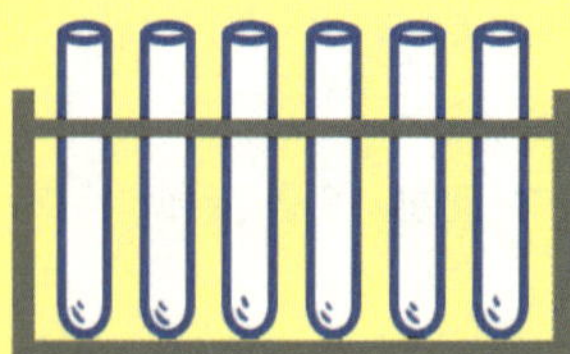

※试管可用透明杯子代替。

请按照以下步骤进行实验

1 准备一杯水，往水里倒一点盐，搅拌均匀。等盐消失后，再次倒盐搅拌，直到新倒入的盐不会消失为止。

2 在五根试管中加入不同量的清水。

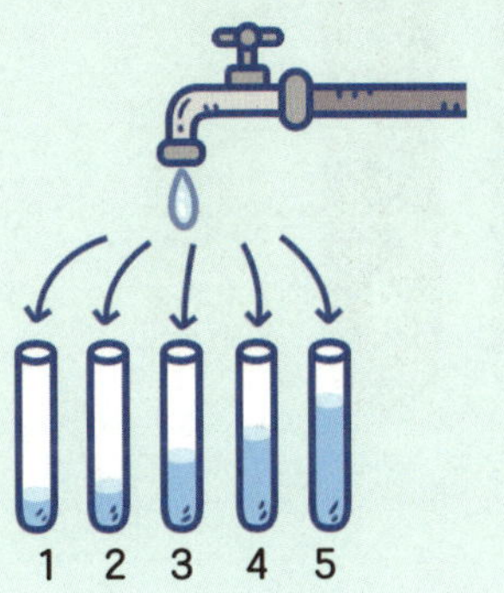

3 在五根试管中加入浓盐水。

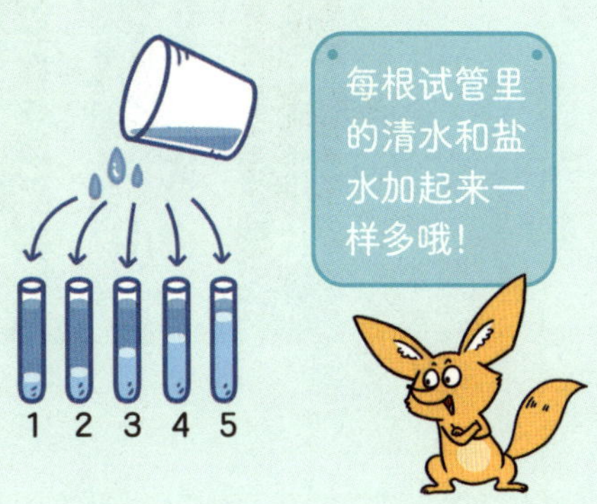

4 在五根试管中加入不同颜色的色素，并搅拌均匀。

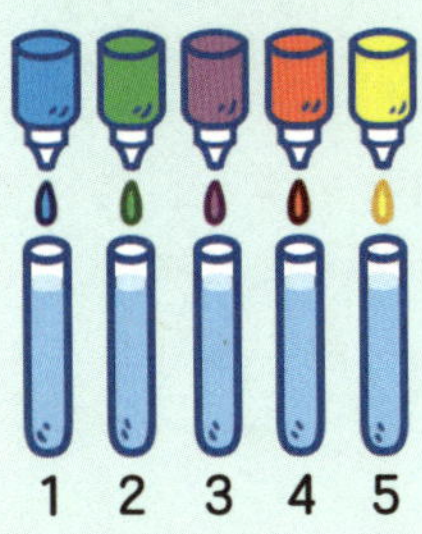

5 将试管 1—5 的溶液依次倒入试管 6 中。

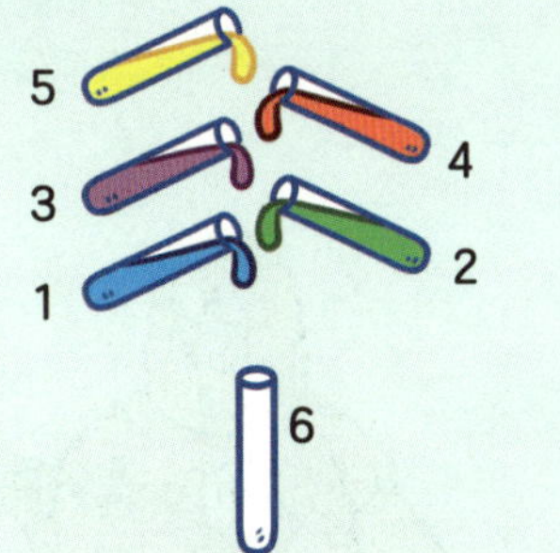

想知道实验结果吗？赶快翻开下一页看看吧！

让我们看看实验结果吧！

试管 6 呈现出彩虹的色彩。

谢耳朵揭秘实验原理

我们可以往水中加入不同重量的盐，再加入各种颜色的食用色素，来配制出不同密度的盐水。当我们按照密度从大到小的顺序，将不同颜色的盐水倒入试管中时，密度大的盐水由于重力作用会沉在下面，而密度小的盐水则会浮在上面。它们不会轻易混在一起，而是会乖乖地叠在一起，看起来就像是一条漂亮的彩虹。

拓展小实验

除了用盐水造彩虹之外，我们还可以试试用糖水、小苏打水、白酒来制造彩虹哦！

实验报告

实验名称：______________　　实验日期：______________

实验地点：______________　　参与人员：______________

❶ 看一看，记一记（观察与记录实验现象）

（比如，颜色是否变了？是否有气体放出？材料质感是不是变了？……）

❷ 通过这次实验，你学到了哪些知识？

③ 通过这次实验，你有什么感悟？

（这次实验是成功了还是失败了？原因是什么？有什么建议和改进方案？）

④ 记得拍一拍实验照片，打印出来贴在下面

⑤ 给这次实验打个分吧，涂一涂！

这个实验对应《化学大爆炸》第6册的知识点：

活性炭可以吸附色素

你需要准备的材料

活性炭、可乐、两个杯子、搅拌棒

请按照以下步骤进行实验

1 将可乐倒在两个杯子中。

2 在其中一杯可乐中放入活性炭粉末，并搅拌均匀。

3 等待一晚上，让活性炭沉底，观察可乐的颜色变化。

想知道实验结果吗？赶快翻开下一页看看吧！

让我们看看实验结果吧！

一段时间后，加入活性炭的可乐褪色。

※ 如果加入活性炭的可乐颜色变化不大，你可以重复实验过程，多加几次活性炭。

谢耳朵揭秘实验原理

活性炭的表面有很多肉眼看不见的小洞，所以它的“表面”很大。正因为有这些小洞，活性炭能够将可乐中的色素分子吸进去。而可乐的颜色来自这些色素分子，当活性炭将它们吸走之后，可乐的颜色就会变得越来越透明。

拓展小实验

小朋友，你还可以用红糖水、芬达、醋、红葡萄酒来试试，看看活性炭能不能让它们褪色。

实验报告

实验名称：__________ 实验日期：__________

实验地点：__________ 参与人员：__________

❶ 看一看，记一记（观察与记录实验现象）

（比如，颜色是否变了？是否有气体放出？材料质感是不是变了？……）

❷ 通过这次实验，你学到了哪些知识？

③ 通过这次实验，你有什么感悟？

（这次实验是成功了还是失败了？原因是什么？有什么建议和改进方案？）

④ 记得拍一拍实验照片，打印出来贴在下面

⑤ 给这次实验打个分吧，涂一涂！

这个实验对应《化学大爆炸》第8册的知识点：

极性溶剂与非极性溶剂

你需要准备的材料

矿泉水、食用油、泡腾片、杯子、色素

请按照以下步骤进行实验

1 往杯中加入矿泉水，再滴入几滴色素。

2 再往杯中加入食用油，油要比水多一些。

3 然后往杯中加入泡腾片，等待几秒钟。

想知道实验结果吗？赶快翻开下一页看看吧！

让我们看看实验结果吧!

杯子中产生大量气泡，像熔岩灯一样。

谢耳朵揭秘实验原理

食用色素可以溶解在水中，但不能溶解在油里。当你将水和油倒在一起时，它们不会混在一起，而是分成两层，带有色素的水在下面，不带色素的油浮在上面。

当我们加入泡腾片后，泡腾片会沉到水里，与水发生反应，并且开始“冒泡泡”，这些泡泡会带着水中的彩色小液滴往上跑。当气泡到达油层表面“啪”地破掉后，彩色小液滴会沉回水里。这样，彩色的小液滴就会在水和油之间上下跳动，看起来就像是一个小小的熔岩灯。

实验报告

实验名称：＿＿＿＿＿＿＿＿　　实验日期：＿＿＿＿＿＿＿＿

实验地点：＿＿＿＿＿＿＿＿　　参与人员：＿＿＿＿＿＿＿＿

❶ 看一看，记一记（观察与记录实验现象）

（比如，颜色是否变了？是否有气体放出？材料质感是不是变了？……）

❷ 通过这次实验，你学到了哪些知识？

③ 通过这次实验，你有什么感悟？

（这次实验是成功了还是失败了？原因是什么？有什么建议和改进方案？）

④ 记得拍一拍实验照片，打印出来贴在下面

⑤ 给这次实验打个分吧，涂一涂！

实验15 用橘皮爆破气球

这个实验对应《化学大爆炸》第8册的知识点：

溶剂

· 在实验中，气球会发生爆炸。害怕的小朋友可以请爸爸妈妈帮忙哦！

你需要准备的材料

气球、橘子皮

※橘子皮可用橙子皮等代替。

请按照以下步骤进行实验

1 往气球中装满水。

要选择小一点的气球，这样水才容易把气球撑满。如果你买的气球太大，不方便灌满水，也可以直接把气球吹大。

小朋友可以请爸爸妈妈帮忙拿着气球。

2 挤橘子皮，让橘子皮的汁水喷到气球上。

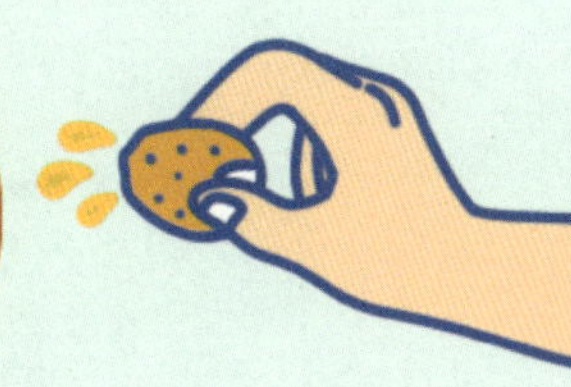

⚠ 注意：一定要在气球下面准备好水盆哦！

想知道实验结果吗？赶快翻开下一页看看吧！

让我们看看实验结果吧！

气球接触到橘子汁后爆炸。

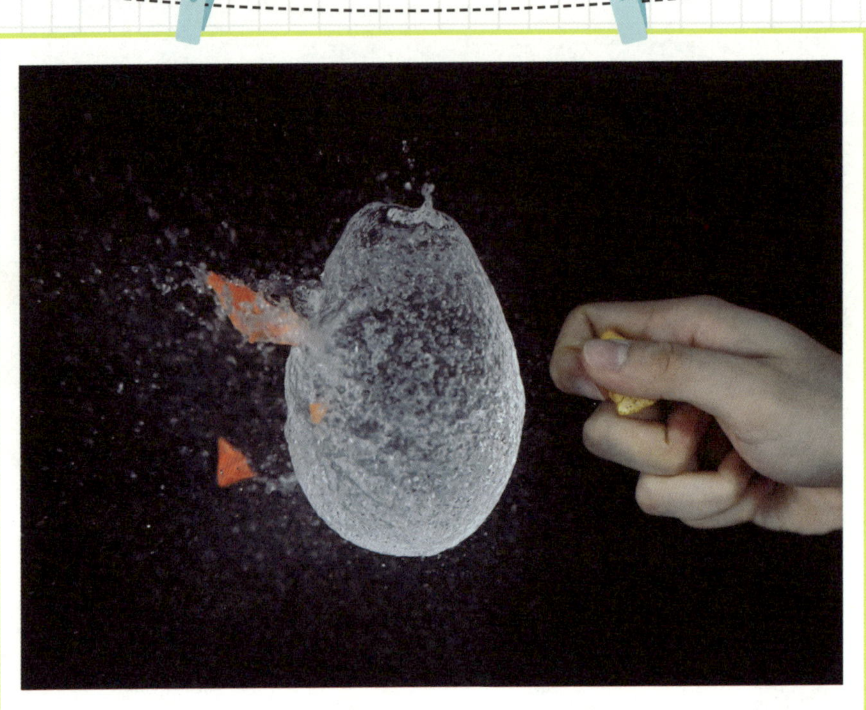

吓死我了！气球
怎么突然爆炸了?!

别着急，我来
为你揭晓答案。

谢耳朵揭秘实验原理

橘子皮里有一种特别的小分子物质，叫作柠檬烯，它可以溶解橡胶。而气球正是用橡胶做出来的。当你把橘子皮的汁液挤到气球表面时，柠檬烯会迅速破坏气球表面的橡胶结构。这样，气球就会突然“砰”的一下爆炸了！

拓展小实验

除了橘子皮之外，还有很多水果的汁液都能溶解气球，让气球爆炸。大家可以用柚子、柠檬等其他水果试一试哦！

实验报告

实验名称：＿＿＿＿＿＿　　实验日期：＿＿＿＿＿＿

实验地点：＿＿＿＿＿＿　　参与人员：＿＿＿＿＿＿

❶ 看一看，记一记（观察与记录实验现象）

（比如，颜色是否变了？是否有气体放出？材料质感是不是变了？……）

❷ 通过这次实验，你学到了哪些知识？

③ 通过这次实验，你有什么感悟？

（这次实验是成功了还是失败了？原因是什么？有什么建议和改进方案？）

④ 记得拍一拍实验照片，打印出来贴在下面

⑤ 给这次实验打个分吧，涂一涂！

这个实验对应《化学大爆炸》第4册的知识点：

电解水

- 本实验会产生氢气，氢气遇火会爆炸，一定要远离打火机、蜡烛等火源哦！

你需要准备的材料

小苏打、一杯水、纸板、9 伏电池、两支两头削尖的铅笔

请按照以下步骤进行实验

1. 在纸板上戳两个洞，洞的大小要能让铅笔穿过。

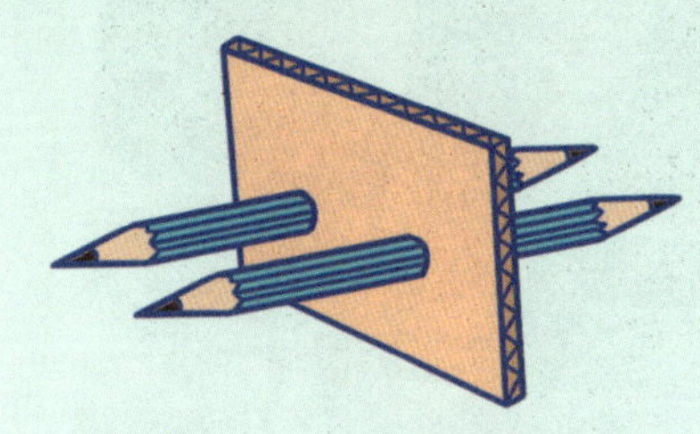

2. 将小苏打倒入水中，并搅拌均匀。

注意：绝对不要用食盐代替小苏打，否则会产生有毒的氯气！

3. 将两支铅笔的一头插入小苏打水中，另一头对准 9 伏电池的两个电极。

注意：这一步会产生氢气。氢气遇火会爆炸，一定要远离打火机、蜡烛等火源哦！

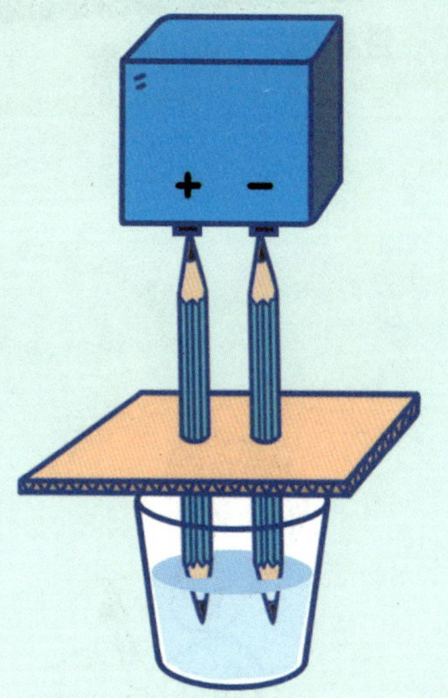

想知道实验结果吗？赶快翻开下一页看看吧！

让我们看看实验结果吧！

铅笔笔芯上产生气泡。

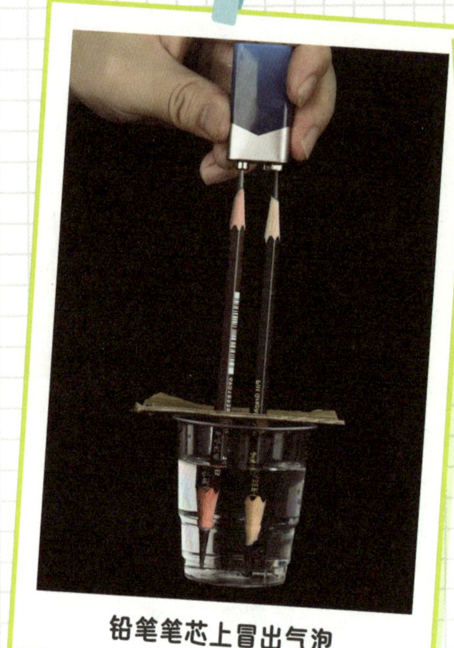

铅笔笔芯上冒出气泡

左右气泡对比

放大图

铅笔笔芯上冒出了好多泡泡！

谢耳朵博士，为什么两支铅笔上的泡泡不一样多呢？

谢耳朵揭秘实验原理

我们平常用的铅笔笔芯都含有一种叫作石墨的物质，石墨可以导电，能用作电池的电极。在这个实验中，我们使用 9 伏电池、小苏打水和铅笔共同组成了一个电路。当电流经过小苏打水时，它会把水分子分解，产生氢气和氧气两种气体。

接电池正极的铅笔笔芯上会产生氧气，接电池负极的铅笔笔芯上则会产生氢气。因为水分解时，氢气产生的速度是氧气的两倍，所以你会看到一支铅笔笔芯上的气泡多，而另一支的气泡少。

实验报告

实验名称：______________ 实验日期：______________

实验地点：______________ 参与人员：______________

❶ 看一看，记一记（观察与记录实验现象）

（比如，颜色是否变了？是否有气体放出？材料质感是不是变了？……）

❷ 通过这次实验，你学到了哪些知识？

③ 通过这次实验，你有什么感悟？

（这次实验是成功了还是失败了？原因是什么？有什么建议和改进方案？）

④ 记得拍一拍实验照片，打印出来贴在下面

⑤ 给这次实验打个分吧，涂一涂！

实验17 隔空点火

这个实验对应《化学大爆炸》第5册的知识点：

蜡烛变成蒸气后才能燃烧

安全小贴士

- 实验需要用火，一定要有大人陪同才能做哦！
- 实验时，要确保周围没有纸张、衣物、地毯等容易着火的物品，并准备好水盆等灭火设备。

你需要准备的材料

蜡烛、打火机

请按照以下步骤进行实验

① 点燃蜡烛，让蜡烛稳定燃烧一段时间。

让蜡烛燃烧 1 分钟或更久，实验更容易成功哦！

② 轻轻吹灭蜡烛，等烛芯上升起白烟。

要轻轻吹哦，不然蜡烛的烟会被吹散。

③ 迅速用打火机点燃烟雾。

注意：点火危险，要请爸爸妈妈帮忙哦！

想知道实验结果吗？赶快翻开下一页看看吧！

让我们看看实验结果吧！

蜡烛烟雾被点燃，它的火苗顺着烟雾一路向下烧，重新点燃蜡烛。

谢耳朵揭秘实验原理

当我们吹灭蜡烛时，你会看到烛芯周围升起一股白色的烟。其实，这股白烟并不是普通的烟，而是热的蜡变成的“蒸气”，是蜡加热后变成气体所形成的。

在白烟还没散开的时候，如果你用打火机去点这股白烟，火焰就会顺着白烟的路径“跑”回到烛芯上，重新点燃蜡烛。这是因为蜡蒸气中的石蜡非常容易燃烧，所以它能把火带回到烛芯上。

实验报告

实验名称：______　　实验日期：______

实验地点：______　　参与人员：______

❶ 看一看，记一记（观察与记录实验现象）

（比如，颜色是否变了？是否有气体放出？材料质感是不是变了？……）

❷ 通过这次实验，你学到了哪些知识？

③ 通过这次实验，你有什么感悟？

（这次实验是成功了还是失败了？原因是什么？有什么建议和改进方案？）

④ 记得拍一拍实验照片，打印出来贴在下面

⑤ 给这次实验打个分吧，涂一涂！

实验18 可乐喷泉

这个实验对应《化学大爆炸》第4册的知识点：

分解反应

安全小贴士

- 实验时千万不要盖上可乐的瓶盖，否则可乐会发生爆炸，炸伤我们！

你需要准备的材料

可乐、曼妥思糖

请按照以下步骤进行实验

1 打开未开封的可乐。

注意：这个实验一定要在空旷的地方，或家中的淋浴间里做哦！

2 往可乐中加入曼妥思糖。

想知道实验结果吗？赶快翻开下一页看看吧！

让我们看看实验结果吧！

可乐像喷泉一样喷发出来。

是可乐喷泉！
下次我要换大
桶可乐试试！

别光顾着玩了，让
谢耳朵给我们讲讲
这是怎么回事吧！

谢耳朵揭秘实验原理

可乐中含有很多二氧化碳气体，它们被压力“压”在液体中。当你打开可乐瓶时，压力变小了，二氧化碳气体就会跑出来，变成很多气泡。

曼妥思糖的表面非常粗糙，有很多小孔。当你把曼妥思糖放入可乐时，这些小孔就像是给气泡开的“逃跑通道”，让气泡迅速形成并冒出来。因此，可乐中的二氧化碳气体会快速释放出来，形成很多气泡，最终产生“可乐喷泉”效果。

拓展小实验

除了曼妥思糖之外，你还可以尝试向可乐里加其他东西，比如其他糖果、牙膏等。看看哪种东西制造的喷泉最壮观。

实验报告

实验名称：______________　　实验日期：______________

实验地点：______________　　参与人员：______________

❶ 看一看，记一记（观察与记录实验现象）

（比如，颜色是否变了？是否有气体放出？材料质感是不是变了？……）

❷ 通过这次实验，你学到了哪些知识？

③ 通过这次实验，你有什么感悟?

（这次实验是成功了还是失败了？原因是什么？有什么建议和改进方案？）

④ 记得拍一拍实验照片，打印出来贴在下面

⑤ 给这次实验打个分吧，涂一涂！

水果电池

这个实验对应《化学大爆炸》第7册的知识点：

原电池

- 金属片的边缘很锋利，要小心，不要伤到手哦！

你需要准备的材料

四根导线、橘子、LED 灯泡、三个锌片、三个铜片、柠檬

※导线可用铜线代替，LED灯泡可用小灯泡代替，锌片可用镀锌螺丝代替，铜片可用铜线代替。

请按照以下步骤进行实验

1 将铜片、锌片依次插入柠檬和橘子，间隔约 1.5 厘米。

注意：

1. 实验前要把水果切开，小朋友们可以请爸爸妈妈帮忙哦！

2. 金属片的边缘很锋利，要小心，不要伤到手哦！

2 用两根导线的两端分别连接上铜片和锌片，将柠檬和橘子连接起来。再用两根导线一端连接铜片和锌片，另一端连接 LED 灯泡。

连接电路并不容易，小朋友们可以和爸爸妈妈一起动手连接。

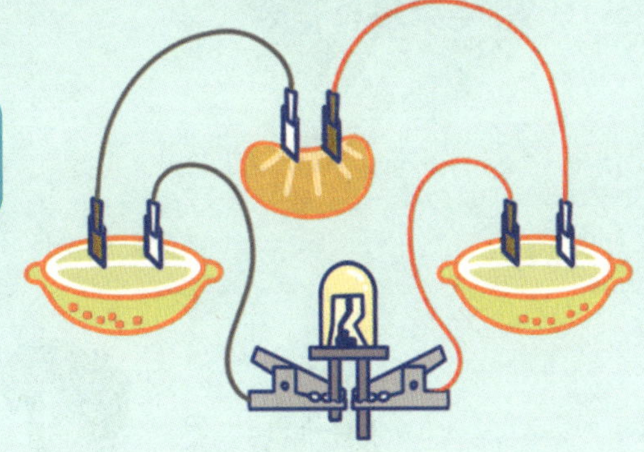

想知道实验结果吗？赶快翻开下一页看看吧！

让我们看看实验结果吧！

LED 灯泡发光。

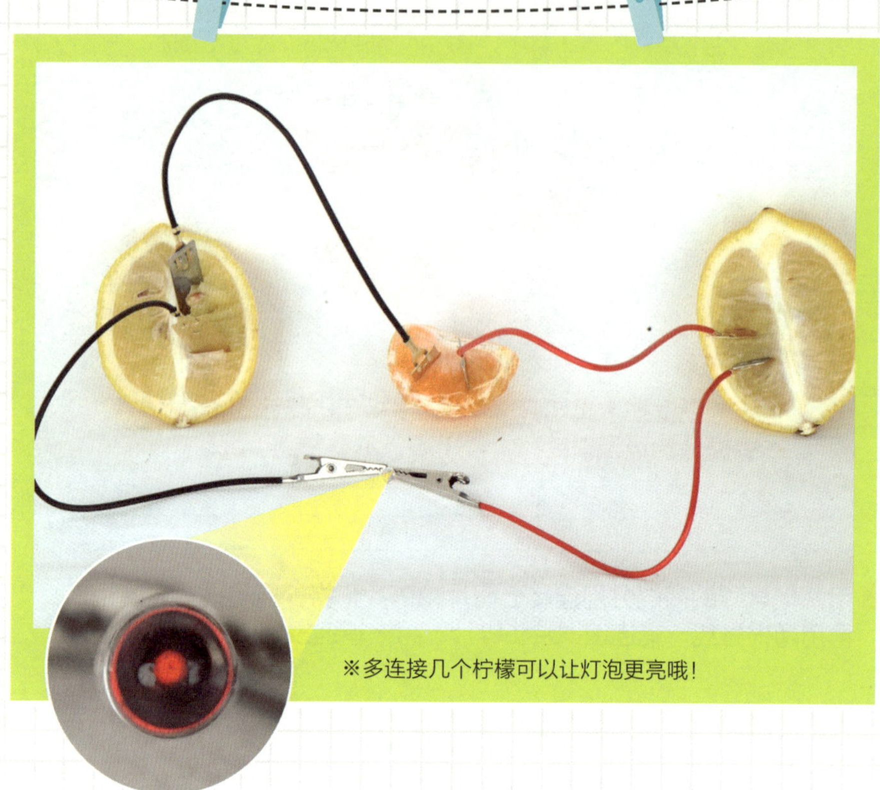

※多连接几个柠檬可以让灯泡更亮哦！

谢耳朵揭秘实验原理

柠檬和橘子里面含有一种叫柠檬酸的东西。当我们把铜片和锌片插入柠檬或橘子里时，柠檬或橘子中的柠檬酸会与锌片发生化学反应，使锌片释放出电子。这个过程使得锌片成为电池的负极，铜片成为电池的正极，产生的电子会通过导线从锌片流向铜片，形成一个完整的电路。当产生的电流经过 LED 灯泡时，灯泡就会发光。

拓展小实验

除了柠檬、橘子之外，还有很多植物富含酸性物质。你可以用苹果、西红柿、土豆来做电池试试哦！

实验报告

实验名称：______________　　实验日期：______________

实验地点：______________　　参与人员：______________

❶ 看一看，记一记（观察与记录实验现象）

（比如，颜色是否变了？是否有气体放出？材料质感是不是变了？……）

❷ 通过这次实验，你学到了哪些知识？

③ 通过这次实验，你有什么感悟？

（这次实验是成功了还是失败了？原因是什么？有什么建议和改进方案？）

④ 记得拍一拍实验照片，打印出来贴在下面

⑤ 给这次实验打个分吧，涂一涂！

这个实验对应《化学大爆炸》第12册的知识点：

酸性溶液能让蛋白质变性沉淀

- 实验需要将牛奶烧开，十分危险！一定要有大人陪同才能做实验哦！

你需要准备的材料

滤网、白醋、牛奶、锅

请按照以下步骤进行实验

1 将牛奶倒入锅中煮热。

注意：煮牛奶很危险，一定要有大人陪同才行哦！

2 锅里倒入少量白醋，并搅拌均匀。

要不时搅拌牛奶，避免煳锅。

3 当锅中出现许多白絮时关火，静置半小时，等白絮沉下去后，用滤网将乳清过滤出来，用力挤出多余的液体。

如果身边没有滤网，也可以用纸来吸干水分。

4 过滤出的凝块就像塑料一样，可以捏成不同的形状。

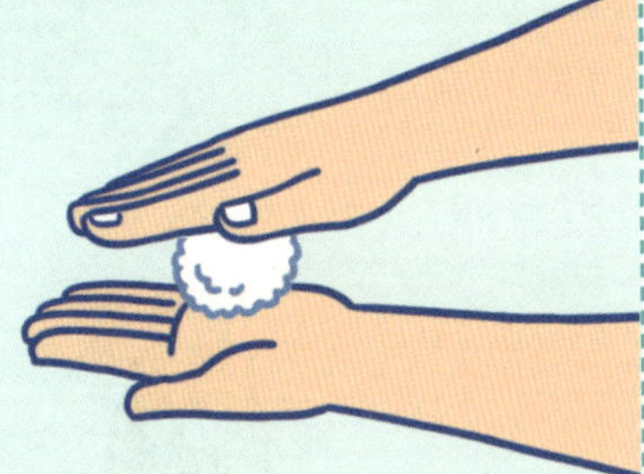

注意：乳清很烫，一定要晾凉之后再碰哦！

想知道实验结果吗？赶快翻开下一页看看吧！

让我们看看实验结果吧！

用“牛奶塑料”捏出的各种造型。

牛奶真的变成能塑形的塑料了！

小朋友肯定能捏得更好看。让我来给大家讲讲这是怎么回事吧！

谢耳朵揭秘实验原理

牛奶中含有一种叫“酪蛋白”的东西，当它遇到酸时，就会变成像小块固体一样的凝乳。当我们把牛奶加热，再倒入白醋时，醋中的酸会让牛奶里的酪蛋白变成固体块。接着，我们可以用过滤的方法将这些固体块分离出来，最后就可以把这些小块捏成各种形状。

拓展小实验

其实，只要是酸性的液体都可以让牛奶凝结成块。如果你有多余的柠檬汁、橘子汁，可以试试用它们来让牛奶凝结，做出可以食用的奶酪哦！

实验报告

实验名称：__________ 实验日期：__________

实验地点：__________ 参与人员：__________

❶ 看一看，记一记（观察与记录实验现象）

（比如，颜色是否变了？是否有气体放出？材料质感是不是变了？……）

❷ 通过这次实验，你学到了哪些知识？

❸ 通过这次实验，你有什么感悟？

（这次实验是成功了还是失败了？原因是什么？有什么建议和改进方案？）

❹ 记得拍一拍实验照片，打印出来贴在下面

❺ 给这次实验打个分吧，涂一涂！

弹跳鸡蛋

这个实验对应《化学大爆炸》第12册的知识点——**酸性溶液能让蛋白质变性沉淀，**以及第10册的知识点——**复分解反应**

- 白醋可能会腐蚀你的皮肤，不要接触太久哦！

你需要准备的材料

白醋、生鸡蛋、杯子

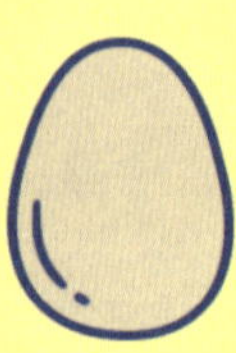

请按照以下步骤进行实验

① 在杯子中倒入白醋。

注意：白醋可能会腐蚀你的皮肤，不要接触太久哦！

② 将一个带壳的生鸡蛋放入白醋中。

鸡蛋会漂浮在白醋上，小朋友可以用瓶盖压一下哦！

③ 1 ~ 2 天后，拿出鸡蛋，用水冲洗干净，观察鸡蛋的变化。

如果鸡蛋壳还很坚硬，那就说明浸泡时间不够，还要再泡一会儿。如果鸡蛋一碰就破，那就说明浸泡时间太长了，要缩短浸泡时间。

想知道实验结果吗？赶快翻开下一页看看吧！

让我们看看实验结果吧！

鸡蛋外壳已经没有了，而且蛋清和蛋黄也发生了变化，就像一个弹球一样，富有弹性。

真神奇！从来没见过这么Q弹的鸡蛋！

谢耳朵博士，快跟我们说说这是怎么回事吧！

谢耳朵揭秘实验原理

鸡蛋壳主要是由一种叫作碳酸钙的东西组成的。当我们把鸡蛋放进白醋中时，鸡蛋壳中的碳酸钙会与白醋中的酸发生化学反应，产生很多二氧化碳气泡，鸡蛋壳就逐渐溶解了。

与此同时，鸡蛋里的蛋清在白醋的酸性环境下，蛋白质发生了变化，变得更加有弹性。最终，去掉壳后的鸡蛋摸起来像一个软软的弹球，还能轻轻弹跳。

实验报告

实验名称：______________　　实验日期：______________

实验地点：______________　　参与人员：______________

❶ 看一看，记一记（观察与记录实验现象）

（比如，颜色是否变了？是否有气体放出？材料质感是不是变了？……）

❷ 通过这次实验，你学到了哪些知识？

③ 通过这次实验，你有什么感悟？

（这次实验是成功了还是失败了？原因是什么？有什么建议和改进方案？）

④ 记得拍一拍实验照片，打印出来贴在下面

⑤ 给这次实验打个分吧，涂一涂！

看完李剑龙博士的《化学大爆炸》，
你有什么感想，可以写下来哦！

图书在版编目（CIP）数据

化学大爆炸实验手册 / 李剑龙著；牛猫小分队绘．杭州：浙江教育出版社，2025. 4. -- ISBN 978-7-5722-9504-1

Ⅰ．O6-3

中国国家版本馆 CIP 数据核字第 2025YW9738 号

美术指导 苏岚岚
画面策划 苏岚岚 赏 鉴
漫画主创 虞天成
漫画助理 杨盼盼 林凯芸 袁 可
科学编辑 张志辉 陈禹江
封面设计 牛猫小分队
版式设计 牛猫小分队
设计执行 郭童羽 张 莹

责任编辑 赵露丹
责任校对 马立改
美术编辑 韩 波
责任印务 时小娟
产品经理 张 政 汪美玉
特约编辑 刘 倩
特约监制 魏 玲 潘 良

化学大爆炸实验手册
HUAXUE DA BAOZHA SHIYAN SHOUCE
李剑龙 著 牛猫小分队 绘

出版发行 浙江教育出版社
（杭州市环城北路 177 号 电话：0571-88900883）
印 刷 雅迪云印（天津）科技有限公司
开 本 700mm × 980mm 1/16
成品尺寸 166mm × 235mm
印 张 8.25
字 数 50 千字
版 次 2025 年 4 月第 1 版
印 次 2025 年 4 月第 1 次印刷
标准书号 ISBN 978-7-5722-9504-1
定 价 39.80 元

如发现印装质量问题，影响阅读，请联系 010-82069336。